This Is Chemistry

这就是化学

OXIDATION AND REDUCTION 氧化与还原 ⑦

米莱童书 著绘

中信出版集团 | 北京

推荐序

　　非常高兴向各位家长和小朋友推荐"这就是化学"科普丛书。这是一套有趣的化学漫画书，它不同于传统的化学教材，而是用孩子们乐于接受的漫画形式来普及化学知识。这套丛书通过生动的画面、有趣的故事，结合贴近日常生活的场景，在轻松、愉悦的氛围中传授知识，深入浅出，寓教于乐。它不仅能够帮助孩子初步认识化学，还能引导他们关注身边的化学现象，培养对化学的浓厚兴趣。

　　化学是一个美丽的学科。世界万物都是由化学元素组成的。化学有奇妙的反应，有惊人的力量，它看似平淡无奇，却在能源、材料、医药、信息、环境和生命科学等研究领域发挥着其他学科不可替代的作用。学习化学是一个神奇且充满乐趣的过程，你会发现这个世界每时每刻都在发生奇妙的化学变化，万事万物都离不开化学。世界上的各种变化不是杂乱无章的，而是有其内在的规律，都被各种化学反应式在背后"操控"。学习化学就像是"探案"，有实验室里见证奇迹的过程，也有对实验结果的演算分析。

　　化学所涉及的知识与我们的日常生活息息相关，化学变化和化学反应在我们的身边随处可见。在这套科普绘本里，作者用新颖的形式带领孩子探究隐藏在身边的"化学世界"：铁钉为什么会生锈？苹果是如何变成苹果醋的？蜡烛燃烧之后变成了什么？为什么洗洁精可以洗净油污？用什么东西可以除去水壶里的水垢？……这些探究真相的过程，可以培养孩子学习化学知识的兴趣，也是提高科学素养的过程。

　　愿孩子们能从这套书中收获化学知识，更能收获快乐！

中国科学院院士，高分子化学、物理化学专家

目录

螺丝钉的奇妙之旅

这是元素城最大的螺丝钉工厂，今天我们就来参观参观吧！

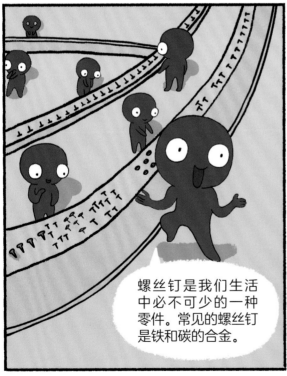

螺丝钉是我们生活中必不可少的一种零件。常见的螺丝钉是铁和碳的合金。

防锈涂层可以让螺丝钉不容易被氧化。

现在这些螺丝钉就要被送到它们的"工作岗位"上了,让我们看看它们会被送到哪里。

看来这些螺丝钉要成为大桥的一部分了!

在氧气和水的同时作用下，
金属会因被**氧化**而生锈。

我们给金属表面涂上防锈漆**隔绝空气**，金属就不容易生锈了。

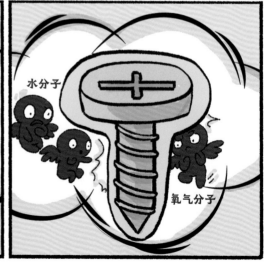

接下来，我们去远处的一座老桥看看，工人们正要对它进行必要的修复和保养。

他们会把生锈的螺丝钉取下来，把新的换上去。

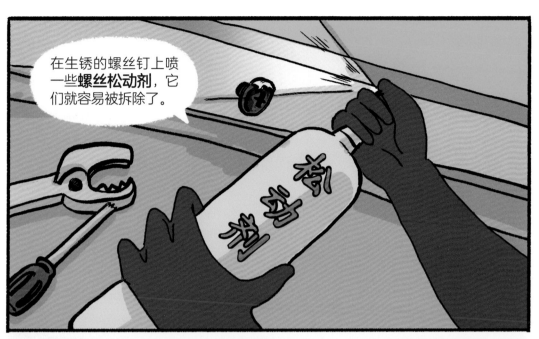

在生锈的螺丝钉上喷一些**螺丝松动剂**，它们就容易被拆除了。

这些生锈的旧螺丝钉还可以被**回收再利用**。

它们会被送到工厂，经过加工，做成全新的金属制品。

铁锈的由来

铁锈质地疏松，就像海绵一样，很容易吸收水分。如果一块铁的表面已经出现了锈迹，那么铁锈附近的铁会更快被锈蚀。

常见的氧化反应

天然气是我们日常生活中常用的燃料之一，它的主要成分是**甲烷**。

反应过程中释放的热量可以帮助我们烹制食物。

燃料在**燃烧**时发生的反应是**氧化反应**。

食醋一般是由粮食酿造的，粮食变成食醋的过程，也伴随着氧化反应。

酵母菌使粮食中的糖分发酵，生成二氧化碳和酒精。

我们醋酸菌是酿醋的关键。

酒精在醋酸菌和氧气的帮助下，转化为醋酸。

生锈的铜狮子

我以前在公园看大门的时候可威风了，大家都爱与我合影。但这段时间在那个潮湿的坑里，氧气分子、二氧化碳分子和水分子联合起来攻击我，让我铜铸的身上起满了"绿痘痘"，难看死了！我该怎么办啊？

你们想给铜狮子除锈，我来提供一套方案吧。

首先，用电动工具或砂纸对生锈的表面进行**打磨**。

然后，用酸溶液给表面做**酸洗**处理。

常用的除锈方法

打磨除锈

锈蚀层

金属层

用机械**打磨**金属，去除表面的氧化物，是除锈的一种方法。

还可以把酸溶液
喷洒到生锈的金
属表面除锈。

稀盐酸

酸洗除锈

用稀盐酸浸泡生锈的金
属可以除锈。**稀盐酸**能
和金属氧化物发生反应，
除掉锈蚀。

我们还可以用专业的**除锈剂**进行除锈。

除锈剂除锈

除锈剂通常是由几种酸溶液混合配制的。针对不同的金属材料，选择不同种类的除锈剂，除锈效果会更好。

巧用木炭除铜锈

神奇的漂白粉

漂白粉可以把红色的衣服变白。

这个神奇的现象是什么原理呢?

总结

几种氧化反应

二氧化碳

水

甲烷燃烧

氧气

醋酸菌

酒精

醋酸

酿醋

铁生锈

铁 Fe ＋ 水 H_2O 氧气 O_2 → 铁锈

漂白

除锈与防锈

稀盐酸

除锈剂

酸溶液除锈

氧化铜　木炭　CuO　C　Cu　CO₂　铜　二氧化碳

木炭除铜锈（还原反应）

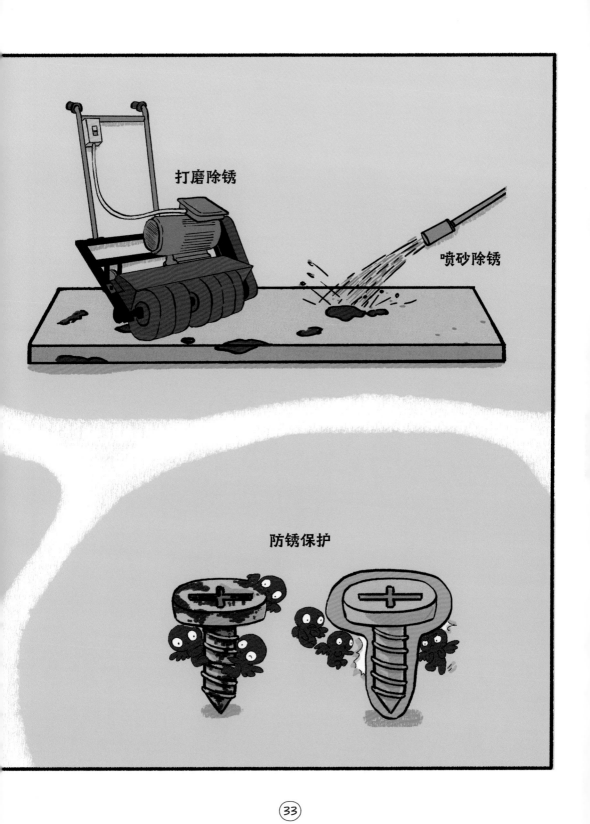

可乐

食醋

食盐

漂白剂

白色桌布被染上了颜料怎么办？

哪些可以用来除锈？

二氧化碳

砂纸

食醋

氧气

问答收纳盒

常见的氧化反应有哪些?	物质与氧气发生的反应属于氧化反应。如甲烷的燃烧、酒精转化为醋酸的反应等。
常见的还原反应有哪些?	含氧化合物里的氧被夺去的反应属于还原反应。如木炭与氧化铜在高温条件下的反应等。
什么是生锈?	生锈是指金属的氧化反应。
怎样防止金属生锈?	隔绝空气可以防止金属生锈,常用的方法是给金属涂防锈涂层。保持金属表面洁净干燥也可以防止金属生锈。
什么是除锈?	除锈是指去除金属表面锈蚀的过程。
什么是酸洗?	酸洗是指利用酸溶液去除锈蚀物的方法。
什么是除锈剂?	除锈剂是可以去除金属表面锈蚀的物质。
什么是漂白?	漂白是使有色物质褪色或变白的过程。

思考题答案

第 34 页　用漂白剂漂白。

第 35 页　砂纸、食醋。

作者团队

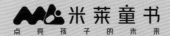
点 亮 孩 子 的 未 来

米莱童书，由国内多位资深童书编辑、插画家组成的原创童书研发平台，"中国好书"大奖得主、"桂冠童书"得主、中国出版"原动力"大奖得主。现为中国新闻出版业科技与标准重点实验室（跨领域综合方向）授牌的中国青少年科普内容研发与推广基地，致力于对传统童书进行内容与形式的升级迭代，开发一流原创童书作品，使其更加适应当代中国家庭的阅读与学习需求。

专 家 团 队

李永舫　中国科学院院士，高分子化学、物理化学专家
　　　　作序推荐
张　维　中科院理化技术研究所研究员，抗菌材料检测中
　　　　心主任　审读、推荐
亓玉田　北京市化学高级教师、省级优秀教师、北京市青
　　　　少年科技创新学院核心教师　知识脚本创作

创作组成员

特约策划：刘润东
统筹编辑：于雅致 陈一丁 王晓北
绘画组：辛颖 孙振刚 鲁倩纯 徐烨 杨琪 霍霜霞
美术设计：刘雅宁 董倩倩 张立佳 马司雯 胡梦雪

图书在版编目（CIP）数据

氧化与还原 / 米莱童书著绘 . -- 北京 : 中信出版
社 , 2023.12（2024.12重印）
　（这就是化学）
ISBN 978-7-5217-6006-4

Ⅰ. ①氧… Ⅱ. ①米… Ⅲ. ①化学－少儿读物 Ⅳ.
① O6-49

中国国家版本馆 CIP 数据核字（2023）第 171273 号

氧化与还原
（这就是化学）

著　　绘：米莱童书
特邀总策划：刘润东
版 式 设 计：米莱童书
制　　作：北京易书有道文化有限公司
出 版 发 行：中信出版集团股份有限公司
　　　　　　（北京市朝阳区东三环北路27号嘉铭中心　邮编　100020）
承 印 者：北京尚唐印刷包装有限公司

开　　本：889mm×1194mm　1/16　　　印　　张：20　　　字　　数：400千字
版　　次：2023年12月第1版　　　　　印　　次：2024年12月第8次印刷
书　　号：ISBN 978-7-5217-6006-4
定　　价：200.00元（全8册）

出　　品：中信儿童书店
图 书 策 划：火麒麟
策 划 编 辑：范萍 王平 马月敏
责 任 编 辑：谢媛媛
营 销 编 辑：杨扬